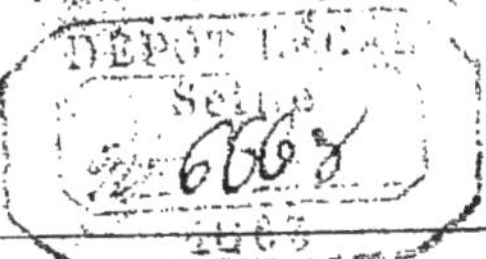

DÉFRICHEMENT DES LANDES DE BRETAGNE

CONCOURS

DE

CORN-ER-HOUET

SOUS

LE PATRONAGE DU PRINCE IMPÉRIAL

27 juillet 1863

PAR

F. ROBIOU DE LA TRÉHONNAIS

Auteur de la REVUE AGRICOLE DE L'ANGLETERRE

PARIS

TYPOGRAPHIE DE AD. LAINÉ ET J. HAVARD

RUE DES SAINTS-PÈRES, 19

—

1863

DÉFRICHEMENT DES LANDES DE BRETAGNE

CONCOURS

DE

CORN-ER-HOUET

SOUS

LE PATRONAGE DU PRINCE IMPÉRIAL

27 juillet 1863

PAR

F. ROBIOU DE LA TRÉHONNAIS

Auteur de la REVUE AGRICOLE DE L'ANGLETERRE

PARIS

TYPOGRAPHIE DE AD. LAINÉ ET J. HAVARD

RUE DES SAINTS-PÈRES, 19

1863

LE

CONCOURS DE CORN-ER-HOUET.

27 JUILLET 1863.

L'ancienne province de Bretagne a toujours été la terre des grandes choses, des événements décisifs, des grandes gloires et des grands désastres. Là tout est fortement accusé : les traits des habitants comme leur caractère, leur foi, leurs croyances, leurs mœurs et leurs coutumes. Il en est de même du caractère physique du pays : l'aspect du paysage, les rochers du rivage, la sombre physionomie des landes, tout est abrupt et saillant; point de teintes indécises! Ombre ou lumière, vices ou vertus, richesse ou misère, haine ou dévouement, tout ressort vivement tranché. Aussi la fête agricole que je vais décrire, fête par la forme, mais chose fort sérieuse par le fond, comme on va le voir, a-t-elle été aussi complète par son succès qu'elle l'eût infailliblement été par le contraire, si les éléments de ce succès avaient manqué, c'est-à-dire si l'appel fait à la population du Morbihan par S. A. la princesse Baciocchi n'avait éveillé dans les cœurs et dans les intelligences du plus grand nombre une franche et sympathique adhésion.

Mais quelle était cette fête? A quelle occasion était-elle organisée? Qu'est-ce que c'est que la lande de *Corn-er-Houet*, et à propos de quoi le nom de S. A. la princesse Baciocchi se trouve-t-il associé à ce nom celtique, qui n'éveille dans l'esprit de ceux qui le lisent ou qui l'entendent qu'une impression d'abandon, de misère ou de pauvreté? Oui, cette lande est bien déserte, bien stérile et bien désolée; mais la journée du lundi 27 juillet 1863 a rompu pour jamais, il faut l'espérer, le charme fatal qui tient cette immense contrée ensevelie sous la torpeur de l'abandon et de la stérilité. Ce jour-là la vieille lande s'est parée d'atours insolites, sa solitude a été envahie par une foule joyeuse, et son ciel, qui jusqu'alors n'avait été sillonné que par la foudre, s'est illuminé, le soir, par les brillants reflets d'un feu d'artifice. Ce jour-là il y avait, en effet, à Corn-er-Houet liesse et bonheur, joyeux ébats, douces émotions et perspectives d'heureux avenir dans les cœurs et dans les esprits de la foule nombreuse qui s'était réunie autour de la princesse Baciocchi. Pour la première fois depuis son existence séculaire la population bretonne a senti qu'une main puissante, animée par un grand cœur, s'est ouverte sur ses pauvres chaumières, sur ses déserts incultes et stériles, pour y laisser tomber le bien-être qui civilise et la fertilité qui produit. Pour la première fois cette population, aussi héroïque dans le combat qu'elle l'est dans le travail et dans la pauvreté, a senti qu'on s'occupait enfin, d'une manière sérieuse, de lui donner sa place au soleil de la civilisation et de la prospérité matérielle qui en découle. Les propriétaires, les fermiers, les vieux serviteurs, les simples laboureurs, en un mot tous les grades de la classe agricole, ont vu leur courage, leur persévérance, leur travail, leurs vertus, leur fidélité, jusqu'alors ignorés, inaperçus, recevoir enfin au grand jour d'une fête solennelle la récompense inattendue qui pose aujourd'hui leur conduite comme un exemple à suivre et qui signale à tous le sentier du devoir, la voie laborieuse et active qui mène à la récompense et à la gloire.

Voilà ce qu'était cette fête, dont on verra les détails plus loin; maintenant voici ce qu'est la lande de *Corn-er-Houet*.

Le voyageur qui, partant de Vannes, chef-lieu du Morbihan, se dirige vers Napoléonville, entre aussitôt dans une vaste lande qui s'étend d'une extrémité à l'autre du département sur une surface d'environ 72,000 hectares. Cette lande est vaste comme une mer, dont elle a les horizons. Ce n'est cependant pas une plaine, car la surface est sillonnée de ravins séparés par des collines, qui, dans le lointain, ressemblent à ces longues vagues qui traversent l'Océan. Çà et là quelques bouquets de sapins rabougris viennent briser de leur sombre verdure la teinte bistrée des bruyères et la monotonie du désert. Mais dans les bois, dans les ravins, sur la vaste plaine, point de vie! point de bruit! partout la solitude, le silence et l'inertie! A peine quelques chaumières, dont la teinte grise se fond avec celle du paysage, viennent-elles signaler la présence de l'homme. Parfois, sur la ligne qui ferme l'horizon, on voit poindre comme une aiguille la silhouette d'un clocher, et au carrefour des sentiers de vieilles croix en granit, monuments rudes et naïfs d'une foi aussi robuste que la pierre dans laquelle elles ont été taillées, s'élèvent dans la solitude comme un symbole de prière, d'espérance et de sécurité. Parfois aussi, au faîte des collines, de vastes amas de blocs de granit, les uns couchés comme des tables de géant, les autres plantés droits comme des pyramides, s'élèvent sombres et muets comme les monuments de ce passé inconnu dont ils sont les seuls vestiges; autels informes d'un culte sanguinaire et mystérieux, ruines sans date, sans histoire, que le voyageur contemple avec effroi et que le paysan breton regarde encore avec un superstitieux respect.

Ce sont là les seuls indices de population.

C'est à quelques lieues de Vannes, au beau milieu de cette vaste lande, qu'est situé *Corn-er-Houet*, nom celtique qui signifie coin du bois. En effet, à gauche de la lande, on voit quelques bois de sapins couvrant le faîte et les flancs d'une colline peu élevée et qui forme un ravin se dirigeant vers le sud-ouest.

Il y a cinq ans à peine, cette partie de la lande ne différait des autres que par un caractère que le voisinage des bois de sapins rendait encore plus sauvage et plus sombre. Le sol était jonché d'immenses blocs de granit qui en perçaient la surface comme les ossements blanchis de quelque monstre antédiluvien. Mais là, au moins, il y avait signe de vie. Profitant de l'abri des plantations, toute une bande de bohémiens bretons, ces bédouins de la lande, moitié mendiants, moitié voleurs, s'étaient installés depuis un temps immémorial sur ce coin du bois (*Corn-er-Houet*), où ils avaient construit des huttes en terre, à la manière des sauvages.

Voilà ce qu'était Corn-er-Houet il y a cinq ans.

Aujourd'hui les bohémiens ont disparu, leurs huttes ont été presque entièrement démolies, les chemins ont percé la lande à droite et à gauche de la grande route, des champs ont été enclos, le sol a été déchiré, les blocs de granit ont disparu; un élégant château, entouré d'un parc émaillé de massifs de fleurs et d'arbustes, d'une pièce d'eau et de vastes pelouses, a surgi comme par enchantement; des bâtiments de ferme, des cours, des jardins, des habitations où grouille et bruit tout un monde d'hommes et de bêtes, se sont élevés. Les champs tracés sur la lande sont aujourd'hui couverts de luxuriantes moissons qui attestent par leur richesse et la bonne nature de cette terre abandonnée, et les soins intelligents qui lui ont enfin donné la vie en éveillant dans son sein les forces de production latentes que des siècles d'abandon et de négligence y ont laissées ensevelies.

Cette création si rapide et si féconde, cette transformation si heureuse et si complète d'un désert en oasis, voilà ce qu'on est venu célébrer hier à Corn-er-Houet, et voilà l'œuvre à laquelle S. A. la princesse Baciocchi est venue consacrer la haute influence de son rang, les ressources de sa fortune et la force de l'énergique volonté, de l'invincible persévérance, en un mot de toutes ces vertus héréditaires de l'auguste et glorieuse famille à laquelle elle appartient.

Le plus grand écueil qu'un écrivain qui se respecte et qui aime son indépendance puisse rencontrer, c'est de paraître flatteur et courtisan lorsqu'il vient à parler des actions bonnes ou glorieuses des grands de la terre. Quant à moi, je n'ai point à craindre cet écueil; je suis trop bien connu du public agricole pour que la réputation d'indépendance et de sincérité que mes opinions ont acquise souffre en aucune façon des éloges que j'ai l'agréable tâche de donner aujourd'hui à des efforts aussi heureux, à des travaux aussi féconds et à un dévouement aussi désintéressé à la cause de la bienfaisance et du progrès.

En exprimant toute mon admiration pour les prodiges accomplis à Corn-er-Houet, en accordant à la princesse le tribut de reconnaissance que tout cœur breton doit lui rendre, je ne suis du reste que l'humble écho de cette splendide et unanime manifestation de la journée d'hier, et ma tâche se trouve réduite à redire aussi fidèlement que possible ce qui était dans les cœurs et sur les lèvres des huit mille paysans bretons qui, sur cette lande régénérée, se pressaient autour de leur bienfaitrice, de leur amie.

Voici l'origine de ces concours de Corn-er-Houet, dont l'inauguration vient d'avoir lieu d'une manière si heureuse et si brillante.

S. A. la princesse Baciocchi, vivement frappée de cette affreuse stérilité à laquelle elle était venue livrer bataille, et reconnaissant par son expérience combien la tâche qu'elle avait si noblement entreprise était rude et ardue, et avec quelle ténacité cette vieille terre défendait ses bruyères, ses ajoncs et sa sauvage solitude, résolut d'appeler à son aide des amis, des alliés. En effet, quelque forte que fût sa volonté, quelque robuste que fût son courage, l'ennemi à combattre était trop puissant pour qu'une attaque isolée, individuelle, quelque vigoureuse qu'elle fût d'ailleurs, réussît à le vaincre ou même à l'affaiblir. La princesse sentit donc la nécessité d'associer d'autres efforts aux siens, et elle fit appel à toute la population agricole du Morbihan. Son premier manifeste ne date que du 15 novembre de l'année dernière, et quelques mois seulement ont suffi pour lui assurer une adhésion presque inespérée et un succès que la journée d'hier a brillamment consacré.

Voici ce manifeste, qui servira à expliquer bien mieux que je ne pourrais le faire le but de l'association que la princesse désirait former :

« Les soussignés, frappés de la stérilité des landes du Morbihan, se sont réunis pour faire, autant qu'il dépendra d'eux, cesser un état de choses si préjudiciable au bien-être des populations.

« Ils ont obtenu de Sa Majesté l'Empereur l'autorisation de placer leur œuvre sous le patronage du Prince impérial, afin que les améliorations durables qu'ils espèrent provoquer se rattachent non-seulement à l'empire présent, mais aussi à l'empire futur.

« Ils pensent que le moyen le plus efficace d'amener les agriculteurs à s'occuper des défrichements est de leur offrir des primes qui puissent, en quelque manière, les indemniser des dépenses faites ; ils se proposent donc de décerner, lors du concours annuel, une médaille d'or à l'effigie du Prince impérial et un prix de 1,500 fr. à l'agriculteur (propriétaire exploitant ou fermier) du Morbihan qui aura le plus et le mieux défriché, et de distribuer, en outre, d'autres récompenses pour stimuler le zèle des cultivateurs qui ne voudraient entreprendre que des améliorations en plantations, cultures, bestiaux, etc.

« Dans ce but les soussignés font appel à toutes les

personnes qui aiment l'agriculture ou qui s'en occupent d'une manière sérieuse, leur demandant de s'associer à eux comme MEMBRES FONDATEURS, s'engageant à verser, pendant trois années, une cotisation annuelle dont chaque souscripteur pourra fixer le montant, sans cependant qu'elle puisse être moindre de 25 francs par an.

« Aussitôt que l'œuvre du concours de Corn-er-Houet aura été définitivement constituée, il sera fait un appel à tous les propriétaires et agriculteurs du Morbihan pour les engager à s'unir aux membres fondateurs en souscrivant pour des sommes qu'ils fixeront, mais qui ne peuvent être moindres de 1 franc par an. »

Ce manifeste était signé par S. A. la princesse Napoléon Baciocchi, le marquis et la marquise de Piré, et M. Monferand.

Tous ceux qui savent par expérience combien l'association agricole est difficile en France, en dehors de la puissante initiative du gouvernement, s'étonneront sans doute d'apprendre que l'œuvre annoncée en termes aussi simples et aussi mesurés ait reçu, dans un laps de temps aussi restreint, une réalisation aussi complète et aussi étendue. LL. MM. l'Empereur et l'Impératrice, le ministre de l'agriculture, quelques hauts fonctionnaires et environ deux cents propriétaires et agriculteurs ont répondu à cet appel, et une somme de près de 20,000 francs a été immédiatement souscrite.

L'élan une fois donné, le succès a dépassé toutes les espérances. Cette œuvre avait sa raison d'être; elle était venue à son heure propice; tous l'ont comprise, les classes riches l'ont soutenue de leur argent, les classes pauvres de leur sympathie et de leur empressement à se rendre à l'invitation qui leur était faite. D'un autre côté la générosité des fondateurs a permis d'offrir des primes d'une valeur importante, qui, pour les pauvres gens qui les ont reçues, ont été une véritable fortune. Au mois d'avril dernier on nomma un comité, composé d'un président, de six membres et d'un secrétaire, et le but du concours annoncé pour le 27 juillet fut déterminé comme suit :

1° Défrichements;
2° Reboisements;
3° Bonne tenue des fermes;
4° Bestiaux;
5° Services ruraux.

La première prime pour les défrichements consistait en une médaille d'or à l'effigie du Prince impérial et une somme de 1,500 francs; la seconde, en une médaille d'or et une somme de 800 francs. Pour la bonne conduite des fermes, une médaille d'or et 600 francs; puis une médaille d'argent et 400 francs. Tous les autres prix étaient à l'avenant, c'est-à-dire d'une importance presque égale à celle des prix donnés dans les concours régionaux, et de beaucoup supérieure à ceux des comices. La somme totale des primes distribuées hier s'est élevée à 12,060 francs, sans compter la valeur des médailles, qui était considérable.

Dès le dimanche soir toutes les routes aboutissant à Corn-er-Houet étaient couvertes de paysans conduisant leurs animaux au concours, et dès cinq heures du matin l'affluence était fort grande, et tout présageait un heureux succès. L'absence de déclarations préalables rendait cette affluence fort incertaine, mais il était facile de prévoir qu'un grand nombre d'animaux seraient présentés. Le temps, cette condition indispensable de toute solennité en plein air, ne laissait rien à désirer; pas un nuage dans le ciel, et la chaleur d'un soleil brillant était tempérée par un vent léger venant de la mer et passant sur la lande chargé de fraîcheur et des âpres parfums des bruyères. Des tentes étaient dressées en face du château pour abriter les animaux; mais les calculs qu'on avait faits étaient tellement dépassés que la plus grande partie des bestiaux exposés campaient en plein air et en plein soleil, au beau milieu de la lande. Au centre de l'espace réservé au concours s'élevait une estrade pavoisée et ornée de feuillage, où les récompenses devaient être distribuées. C'est à dix heures qu'ont commencé les opérations du jury. Il y avait alors 73 taureaux, 220 vaches et génisses, 18 porcs et 20 lots de moutons formant un total de près de 360 animaux. La race bretonne comptait à elle seule plus de 250 têtes, c'est-à-dire que ce concours, pour ainsi dire improvisé, avait une importance plus grande que maints concours régionaux. Il y avait en outre une exposition de machines agricoles. Mais ce qui était plus significatif que tout cela, c'était l'affluence extraordinaire des propriétaires et des paysans morbihannais. A Vannes tous les chevaux, toutes les voitures avaient été mis en réquisition ; pendant toute la journée, jusqu'au milieu de l'après-midi, les routes étaient couvertes de voyageurs, et il n'y avait pas moins de 8,000 personnes assemblées dans ce lieu isolé, situé à une distance considérable de villes et même de villages. La scène avait du reste l'aspect le plus animé ; le château était pavoisé de drapeaux et d'oriflammes, les portes du parc et celles de la ferme étaient grandes ouvertes, et la foule circulait librement jusqu'aux marches du perron qui conduit aux appartements du château. Sur la lande on avait élevé des tentes et des abris de mousse et de feuillage où des aubergistes avaient établi des restaurants improvisés, et cependant, malgré l'entrain joyeux de toute cette foule, malgré la chaleur et la poussière, malgré les danses au biniou, on n'a pas eu à constater le moindre cas d'inébriété. Vers deux heures, la princesse, accompagnée de monseigneur l'évêque de Vannes, du préfet d'Ille-et-Vilaine, de M. Lefebvre de Sainte-Marie, inspecteur général d'agriculture, de M. Bonnemant, l'organisateur infatigable de ce concours, de M. Trochu, le lauréat de la prime d'honneur de Belle-Ile-en-Mer, et de l'élite des propriétaires et des hauts fonctionnaires du département, a pris place sur l'estrade, et aussitôt une foule compacte s'est rangée tout autour, facilement contenue par quelques gendarmes et deux cavaliers venus de Napoléonville avec la musique du régiment de lanciers, dont les joyeuses fanfares ajoutaient à l'animation de la scène.

Le coup d'œil à ce moment était unique : sur l'estrade un nombreux assemblage des hommes les plus éminents et les plus haut placés de tout le pays, entourant une princesse illustre, l'âme de cette belle fête, et un saint prélat qui la bénissait par sa présence ! Au pied de cette estrade une foule attentive et anxieuse, présentant dans son ensemble et dans ses détails l'aspect le plus pittoresque, car tous les costumes, tous les types caractéristiques de la population bretonne étaient représentés. C'étaient bien là ces robustes paysans aux longs cheveux, au front carré, aux larges épaules et au costume pittoresque, que Napoléon appelait des géants. Quelle fixité dans leur regard ! quelle noble assurance dans leur pose ! quelle fierté dans leur physionomie ! Ajoutez à cela le charmant costume du Morbihan : la veste blanche aux poches capricieusement brodées d'arabesques en fils de laine noire, les longs gilets à boutons brillants et à broderies éclatantes, la guêtre noire, le col de chemise assujetti à la gorge par toute une rangée de boutons, le tout recouvert du chapeau à larges bords. La toilette des femmes n'était pas moins originale ; quelques jeunes filles étaient remarquablement belles, et on ne saurait concevoir rien de plus gracieux et de mieux séant que leur simple costume, depuis la paysanne à la coiffe blanche et pendante, et à la robe de bure, jusqu'à la fille des riches fermiers à la coiffe brodée, à la jupe de soie frangée de velours, au mouchoir plissé au-dessous de la nuque et au corsage ouvert. En face on voyait le château et le parc; plus loin et tout autour la lande immense avec son vaste horizon, ses plans successifs, ses rides sombres et grisonnantes, où la lumière ardente du soleil jetait des tons fauves et brûlants qui donnaient à l'atmosphère ce tressaillement qu'on remarque au-dessus d'un brasier. C'est dans ce cadre austère que se passait cette scène que ceux qui y assistaient n'oublieront jamais.

Le silence s'était fait; la princesse se leva ferme et droite, mais visiblement émue. Tout ce qui l'entourait était bien de nature à faire naître dans son cœur cette émotion qui résulte de l'heureux accomplissement d'une tâche généreuse et difficile. Pour elle le moment du triomphe était arrivé, et, puisant enfin dans sa forte nature la puissance de vaincre la timidité naturelle à la femme, ses traits prirent tout à coup cette expression indéfinissable qui n'appartient qu'aux Bonaparte, et qui rendit la ressemblance qu'on remarque chez elle avec le chef de son auguste famille plus frappante encore; elle prononça d'une voix ferme le discours suivant :

« Messieurs,

« Ma venue en Bretagne n'a eu qu'un but : rendre à la culture des terres stériles, et augmenter ainsi le bien-être des populations rurales trop oubliées jusqu'à présent.

« Après quatre années de travaux j'ai acquis la certitude que des efforts individuels étaient insuffisants pour arriver à ce résultat. C'est alors que, faisant appel aux agriculteurs bretons, je les ai engagés à se réunir pour former un concours qui pût donner une impulsion sérieuse au progrès nécessaire dans ce département.

« Tous, Messieurs, vous avez répondu à mon attente, et le nombre des fondateurs a de beaucoup dépassé mes espérances. Notre œuvre eût été trop incomplète, abandonnée à ses seules ressources. L'Empereur, en nous accordant le patronage du Prince impérial, nous a constitués pour l'avenir, et c'était justice, car la transformation d'un pays ne se complète que par le temps.

« L'Empereur a fait plus encore, Messieurs ; ainsi que l'Impératrice, il a daigné se mettre à la tête des fondateurs; c'est à nous à nous rendre dignes d'une si haute faveur en employant toutes les ressources du concours aux améliorations morales et matérielles des cultivateurs.

« Je ne veux pas finir sans remercier l'évêque qui

est venu au milieu de nous mêler à une institution purement agricole les encouragements de la religion, toujours prête à venir en aide au progrès moral dans notre pays. Monseigneur de Vannes vous dira mieux que moi l'intérêt qu'il porte à ce concours.

« Vive l'Empereur ! »

Il serait difficile de donner une idée de l'effet produit par ce discours. Le cri poussé par la princesse fut aussitôt répété par la foule avec le plus grand enthousiasme ; et ici il ne s'agit point d'une réclame officielle ou d'une illusion flatteuse ; l'acclamation a été réelle et entraînante, et ceux-là mêmes qui, en raison de leur éloignement, n'avaient pu entendre les paroles de Son Altesse, s'unirent à cette acclamation avec une chaleur toute sympathique. Je ne sais avec quel entrain les populations bretonnes criaient autrefois *Vive le roi!* tout ce que je puis constater, c'est qu'elles ont appris à crier bien haut Vive l'Empereur !

Monseigneur l'évêque de Vannes se lève à son tour, et, dans un discours remarquable d'éloquence et d'érudition, célèbre l'union de l'Agriculture et de la Religion en faisant ressortir, avec un rare bonheur d'expressions, l'appui que ces deux grandes institutions se prêtent mutuellement l'une à l'autre et l'attrait sympathique qui assimile leurs intérêts respectifs et dirige leur action vers un but commun : le bien-être matériel et moral des populations rurales et la sanctification des âmes par le travail et par la contemplation des merveilles de la nature.

La distribution des prix commença aussitôt après que les applaudissements au milieu desquels le saint prélat reprit sa place auprès de Son Altesse eurent cessé. C'est alors qu'on put voir, dans toute leur physionomie pittoresque, ces braves paysans bretons monter les degrés de l'estrade sans gaucherie, sans embarras, le front haut et la figure impassible. Il n'y avait guère que dans leur regard qu'on pouvait surprendre un éclair de satisfaction. Rien n'était plus touchant que de voir les vieux serviteurs, soutenus par leurs jeunes maîtres, venir recevoir la récompense inespérée de leur fidélité. Je donne plus loin la liste des lauréats; je la recommande à l'attention de mes lecteurs, car elle porte un enseignement qui réjouira tous ceux qui, quels que soient leurs opinions et leurs principes, savent applaudir aux efforts qui ont pour but le bien-être des travailleurs et le progrès de l'agriculture. Pendant cette distribution la musique du régiment de lanciers en garnison à Napoléonville faisait entendre de charmants morceaux d'harmonie qui paraissaient faire presque autant de plaisir aux paysans bretons que les sons criards des binioux nationaux. Aussitôt la distribution finie, et en attendant l'illumination et le feu d'artifice promis par le programme, la foule se dispersa dans le parc et dans les landes, et, au son magique du biniou, des danses se formèrent et tout le monde s'adonna au plaisir.

Le soir un magnifique banquet de 120 couverts réunit, sous une tente dressée dans le parc, tous les convives de la princesse. Au dessert le préfet d'Ille-et-Vilaine proposa, dans une chaleureuse et éloquente improvisation, un toast à l'Empereur; ce toast fut reçu avec les plus vives acclamations, et par les convives, et par la foule qui entourait la table. M. Bonnemant se leva à son tour, et, au milieu des plus vives démonstrations d'approbation et de sympathie, prononça le discours suivant :

« Princesse,

« Permettez-moi d'être ici l'interprète de tous les cultivateurs morbihannais.

« Nous voulons aujourd'hui, sans flatterie, mais avec notre cœur, vous témoigner notre sincère reconnaissance. Vous avez adopté notre pays, et, déjà Bretonne par vos nobles et généreux sentiments, vous l'êtes devenue complétement en associant votre existence princière à notre vie de travail. Vous nous donnez l'exemple, vous faites appel à notre patriotisme en nous montrant ces landes immenses qui n'attendent que la charrue pour augmenter la fertilité de la France. Votre appel est entendu, Princesse; tous, riches et pauvres, petits et grands, nous vous suivrons et nous nous honorerons d'avoir pour guide la princesse Baciocchi. En imitant votre exemple nous servirons sincèrement l'Empereur; car, tout en conservant nos vieux sentiments d'indépendance et de liberté, nous travaillerons consciencieusement au noble but qu'il se propose : le bonheur et le bien-être des populations agricoles. »

Ce discours, souvent interrompu par des bravos répétés, fut accueilli par des cris unanimes de Vive la Princesse ! Vive l'Empereur !

Aussitôt que la nuit eut commencé à assombrir le paysage, une splendide illumination vint dessiner, en lignes de feu, les contours des parterres, des massifs et de la pièce d'eau, ainsi que la façade du château. Plus tard encore un magnifique feu d'artifice vint clore cette charmante journée, que pas un accident n'est venu troubler. Le lendemain, le parc, qu'avait parcouru la foule, n'en gardait pas de trace. Rien n'avait été détruit, pas une fleur n'était brisée, exemple bien rare du respect qu'inspire la princesse à la population du Morbihan.

La morale de tout cela, c'est qu'il est évident que Son Altesse la princesse Baciocchi a réussi à donner au défrichement des terres incultes de la Bretagne une impulsion des plus énergiques et des plus fécondes. Avec un tact parfait, mue par un grand amour du bien, elle a su s'attirer la confiance du paysan breton. Son incroyable activité s'occupe de tous les intérêts de la pauvre population qui l'entoure. Quant aux travaux agricoles qu'elle a entrepris, on va juger de leur importance par l'exposé suivant.

Le domaine de Corn-er-Houet s'étend sur une superficie de 470 hectares, dont 164 seulement sont aujourd'hui mis en culture, et les résultats obtenus au bout de quatre années seulement sont des plus encourageants pour l'avenir de l'opération. Les envieux de la princesse, les malintentionnés, ses ennemis enfin, car, hélas ! un des priviléges de la bienfaisance ici-bas semble être celui de se créer des ennemis même et surtout, on pourrait le dire, parmi ceux qui participent le plus à ses bienfaits ; ces ennemis, dis-je, prétendent que ce n'est qu'en dépensant des sommes folles que la princesse a pu obtenir les beaux résultats qu'on ne saurait nier. On argue de cette supposition que le défrichement des landes est impossible, car, pour des moyens ordinaires, cette opération serait ruineuse. Il est temps de démontrer la fausseté de cette assertion, et les chiffres suivants, pris dans une comptabilité rigoureuse, suffiront pour convaincre les plus incrédules que la mise en culture des landes, même lorsqu'elles se trouvent dans des circonstances aussi défavorables que celles de Corn-er-Houet, c'est-à-dire remplies de blocs de granit qu'il a fallu enlever par la sape et la mine, est une bonne et lucrative opération.

Les 470 hectares ont coûté 55,000 francs, ce qui donne une moyenne d'un peu plus de 100 francs l'hectare. Les bâtiments d'exploitation, non compris le château et les écuries de luxe, ont coûté 50,000 francs.

Le drainage, le défrichement et la mise en culture des 164 hectares ont coûté 150,000 francs; mais cette somme comprend la plantation de 12 hectares en essences forestières, l'achat et la plantation de 3000 pommiers, la construction de 6 kilomètres de chemins d'exploitation, les clôtures, les talus, etc., etc., dépenses qui suffisent et au delà pour l'exploitation de plus de 300 hectares. En résumé, si l'on tient compte de la dépense des bâtiments et des routes d'exploitation pouvant servir à la culture des deux tiers du domaine, on peut fixer le chiffre du prix de revient de chaque hectare mis en culture, y compris le drainage, à environ 800 francs; soit, pour tout le domaine de 470 hectares, une somme de 376,000 fr., à laquelle il faut ajouter la construction d'une nouvelle ferme. Voilà ce que Son Altesse la princesse Baciocchi aura dépensé lorsque toutes les terres auront été mises en culture. Certes, si l'on pouvait doter la France d'un pareil bienfait, c'est-à-dire si l'on pouvait transformer l'immense étendue de terres stériles qui existe aujourd'hui en champs productifs au prix d'un si léger sacrifice, et l'expérience des défrichements entrepris jusqu'à ce jour en prouve surabondamment la possibilité, ce serait un immense accroissement de la richesse publique, accroissement dont on ne saurait exagérer l'importance à tous les points de vue possibles. Ceux qui ont connu la lande de Corn-er-Houet au commencement des opérations de la princesse Baciocchi, c'est-à-dire il y a cinq ans à peine, et qui la visitent aujourd'hui, sont émerveillés de la métamorphose qu'elle a subie. Aujourd'hui on voit d'excellentes récoltes d'avoine, de seigle et même de blé, qui n'attendent plus que la faucille du moissonneur, tandis que d'autres champs sont couverts de récoltes fourragères, telles que trèfles, vesces, choux, pommes de terre, betteraves et rutabagas. Certes, lorsqu'un sol si nouvellement défriché est amené à produire de pareilles récoltes, et cela en recevant une dose de fumier à peine égale à celle qu'on applique ordinairement dans la pratique agricole, dans les terres placées dans les circonstances les plus favorables de fertilité naturelle et de bonne culture, il est permis d'espérer pour un avenir prochain les plus beaux résultats. Seulement la tâche est rude et demande un courage et une persévérance à toute épreuve. Il faut faire ce que la princesse a fait, c'est-à-dire qu'il faut camper sur le désert, et d'abord se construire un gîte quelconque comme si l'on arrivait dans une colonie lointaine et où la civilisation n'a point encore pénétré.

Le sol des landes du Morbihan consiste en détritus granitiques; la couche végétale est formée par les débris des ajoncs et des bruyères séculaires qui la couvrent et varie en épaisseur selon le plus ou moins d'abri que les plantes ont pu recevoir, et par conséquent du plus ou moins de vigueur avec laquelle elles ont végété; la majeure partie repose sur une argile blanche, qui n'est autre chose que du kaolin. Le drainage est donc indispensable; mais, la couche supérieure étant naturellement très-poreuse, cette opération est facile et comparativement peu coûteuse. La plus grande difficulté à vaincre, c'est l'enlèvement des blocs de granit qui affleurent la surface du sol et qui entravent par leurs gisements non-seulement la culture, mais surtout le drainage.

Après le drainage, deux autres éléments sont indispensables pour la fertilisation de ces terres; ce sont la CHAUX et le MOUTON. Tous les terrains granitiques sont acides, et l'élément calcaire fait complétement défaut. Malheureusement il existe dans le pays un fatal préjugé : c'est qu'aux yeux des habitants une lande n'est considérée comme défrichée que lorsqu'elle produit des céréales. Ce préjugé conduit naturellement à l'épuisement complet d'un sol qu'il s'agit, au contraire, d'enrichir et de fertiliser. Le seul moyen de réussir, c'est de produire exclusivement des fourrages verts et de les faire consommer sur place par les moutons, en leur donnant, en outre, une ration de tourteau de lin ou de fèverolles broyées. Il serait bon aussi d'enterrer à la charrue des récoltes vertes dans les terres les plus pauvres, car il importe de donner au sol des éléments organiques plus riches que ceux que les racines des ajoncs et des bruyères lui ont fournies. On doit cependant reconnaître que le sol contient une proportion notable de substances organiques sous la forme de ces acides végétaux, tels que les acides humique et ulmique, qu'on trouve dans tous les sols tourbeux et dans les terres de bruyère ; ces acides sont précieux en ce qu'ils ont la propriété d'absorber immédiatement l'ammoniaque avec laquelle ils se trouvent en contact ; mais, quand ils existent en excès, il est indispensable de les neutraliser par le calcaire. La chaux agit, en outre, directement sur tous les détritus organiques en en activant la décomposition, et, de plus, c'est un élément indispensable de la végétation qui ne saurait se produire sans sa présence.

On le voit, le concours de Corn-er-Houet a été autre chose qu'une simple fête agricole ; c'est l'inauguration d'un mouvement d'une portée immense pour toute la Bretagne, c'est le premier effort d'une impulsion puissante qui peut, dans un temps comparativement court, transformer complétement l'une des plus précieuses contrées de notre belle France, là où elle recrute ses plus vaillants soldats, là où réside le principe conservateur le plus tenace, le plus invincible, là où tout est noble et grand, même la pauvreté et la misère. Certes un pareil peuple, qui a su conserver sa foi et ses vertus, sa force musculaire et ses mœurs austères au milieu des vicissitudes les plus cruelles, mérite bien qu'on s'en occupe enfin. Si l'on respecte ses autels et son foyer, si l'on augmente son bien-être, si on l'aide, si on l'encourage à défricher ses landes, si on lui apporte les avantages de la civilisation sans les vices qui parfois l'accompagnent, non-seulement on n'aura point à craindre son hostilité, mais on pourra compter à jamais sur sa reconnaissance et sur son dévouement; et certes le dévouement d'un Breton n'est pas petite chose : l'histoire du dernier siècle est là pour le prouver.

Corn-er-Houet, 28 juillet 1863.

LISTE DES PRIX

DÉCERNÉS AU PREMIER CONCOURS DE CORN-ER-HOUET

le 27 juillet 1863.

DÉFRICHEMENTS.

1re CATÉGORIE.

M. le comte de LAFERRIÈRE, à Cothuan en Bréhan-Loudéac. . . . . 1,500 fr.

2e CATÉGORIE (FERMIERS).

1er prix : M. CALL, au Téno en Marzan	800
2e prix : M. DÉMÉ, au Petitborn en Ambon . . .	400
3e prix : M. LE DAIN, à Mettério en Napoléonville . .	300
Médaille d'or : M. LE MOING, maire d'Inzenzac . .	»
Médaille d'argent : M. MORIN, au Liez en Kgrist . .	50
Mention honorable : M. LE TATOUR, à Brandivy.	
Mention honorable : M. MORAN, à Allaire.	

BONNE TENUE DES FERMES.

1re CATÉGORIE.

1er Prix : MM. DELOZE et MÉTOIS, aux Greffins en Ruffiac	400
2e prix : MM. HÉDAN et JÉGO, au Parc en Plémel . .	300
3e Prix : M. CORNIQUEL, à Vannes	200
A reporter. . .	3,950 fr.

Report. . . 3,950 fr.

2e CATÉGORIE (FERMIERS).

1er prix : M. LANNÉVAL, à Tronjoly en Gourin . . 400
2e prix : M. LE MASSON, à Saint-Gonnery 300
3e prix : M. LE FLOCH, à Ménimur en Vannes. . . 200
Mention honorable : M. LORIEUX, à Chardonneret près Ploërmel.
Mention honorable : M. ROUSSEL, à la Croix-Helléan.

REBOISEMENTS.

M. LE SAGE (Paul-Prosper), à Lanouée 800

ANIMAUX.

RACE BRETONNE.

TAUREAUX.

1er prix : M. LELUC, de la commune de Neulliac . 250
2e prix : M. NICOLAS (Vincent-Marie), de Kerberhuette 200
3e prix : M. KDAL (Nicolas), de Bodréarch. . . . 150
4e prix : M. MATHURIN (Joannic), de Berie. . . . 100

GÉNISSES.

1er prix : M. NOBLET (Victor), de Ruffiac 200
2e prix : M. LE BORGNE (Joseph), de Caden . . . 150
3e prix : M. LE HASIFFE (Julien), de Bignan . . . 100
4e prix : M. LAUDRIN, à Bignan 60
5e prix : M. KMELENC, à Elven. 50

VACHES.

1er prix : M. LE MARTELOT (François), de Sulniac . 250
2e prix : M. GOURMILLE (Louis), de Guéguon 200

A reporter. . . 7,360 fr.

Report. . . 7,360 fr.

3e prix : M. Ksuzan (François), à Bignan 150
4e prix : M. Le Pluhar (Mathurin), à Locmariaquer . 100

RACES AUTRES QUE LA BRETONNE.

MALES.

1er prix : M. Le Bihan, à Ploëmeur 300
2e prix : M. Bonnemant, à Treulan 200
3e prix : M. Trochu, à Belle-Ile 100

FEMELLES.

1er prix : Mlle Bonnemant (Louise), à Treulan . . 200
2e prix : M. Trochu 150
3e prix : M. Tallendeau 100

RACES DE BOUCHERIE.

MALES.

1er prix : M. Trochu 300
2e prix : M. Corniquel, à Vannes 200
3e prix : M. le comte d'Andigné, à Muzillac . . . 100

FEMELLES.

1er prix : M. Bonnemant 200

BOEUFS GRAS.

1er prix : M. Cario, à Saint-Avé 200
2e prix : M. Jégat, à Plescopp 100

ESPÈCE OVINE.

RACES ÉTRANGÈRES.

MALES.

1er prix : M. Le Cunff 200
2e prix : M. Villeneuve 100

A reporter. . 10,060 fr.

Report . . 10,060 fr.

FEMELLES.

1er prix : M. MARHIN, à Napoléonville 150
2e prix : M. VILLENEUVE, à Guémené 100

RACE DU PAYS.

MALES.

1er prix : M. MARHIN. 100
2e prix : M. GUILLOT. 75

FEMELLES.

1er prix : M. MARHIN 100
2e prix : M. DOUZET 75

ESPÈCE PORCINE.

MALES.

1er prix : M. le comte de CHAMPAGNY, à Loyat. . . 150
2e prix : M. le comte de CHAMPAGNY. 100

FEMELLES.

1er prix : MM. JÉGO et HÉDAN, à Auray 100
2e prix : M. BOIZEC, de Penkesten 75

SERVITEURS RURAUX.

1er prix : Mlle LEROUX (Marie), à Moréac, 50 ans de services dans la famille Cyr-le-Coq 300
2e prix : M. GUIDO (Joseph), à Melrand, 52 ans de services 150
3e prix : M. LE GOUEFF (Mathurin), 30 ans de services 100

A reporter. . 11,635 fr.

	Report. .	11,635 fr.
4e prix : Mlle LELESLÉ (Marie-Jacquette), 38 ans de services		100

JOURNALIERS RURAUX.

1er prix : M. LE BELLAND (Augustin), 66 ans de services		150
2e prix : M. GARJEAN (Jean)		100
3e prix : M. PUREN (Joseph)		75
	Total. .	12,060 fr.

FONDATEURS

DU

CONCOURS DE CORN-ER-HOUET.

		fr.
1	L'Empereur	1,000
2	L'Impératrice	1,000
3	Ministère de l'Agriculture	8,000
4	S. A. Mme la princesse Baciocchi	500
5	N. N.	500
6	S. Exc. M. Fould	100
7	M. Rivaud, préfet des Côtes-du-Nord . .	100
8	M. Féart, préfet d'Ille-et-Vilaine	100
9	M. Lefebvre, préfet du Morbihan	100
10	Monseigneur de Vannes	100
11	M. Ratisbonne	100
12	Mme Ratisbonne	100
13	M. Bresson	100
14	Mme Benoît Fould	100
15	Mme de Sourdeval	100
16	Mme de Romilly	100
17	Société d'Agriculture de Vannes	100
18	M. le comte de la Maisonfort	100
19	M. Émile Ratisbonne	100
20	Mme Singer	100
21	M. Bonnemant	100
22	M. Kerkado	100
23	M. Desbassins de Richemond	100
	A reporter . . .	12,800

		fr.
	Report. . .	12,800
24	Chambre d'Agriculture de Lorient. . . .	100
25	Conseil municipal de Port-Louis. . . .	100
26	M. Bouton-l'Évêque, pour trois ans. . .	240
27	M. le duc de Bassano.	50
28	Comité permanent des Comices	50
29	Le général Trochu..	50
30	Le général Boulé.	50
31	M. Robiou de la Tréhonnais.	50
32-33	M. et Mme de Béville.	50
34	M. Lallemand.	50
35	M. Besqueut.	50
36	M. Glais.	50
37	M. Corniquel.	50
38	Comice de la Roche-Bernard.	50
39	M. Carouge.	50
40	M. Tisserand.	30
41	M. Guibour.	30
42	M. Ropert.	30
43	M. le comte de Pontavice.	30
44	M. le comte de Virel, pour 3 ans. . . .	75
45	Société d'Agriculture d'Ille-et-Vilaine. .	25
46	M. le comte Baciocchi.	25
47	Mme Duriez.	25
48	M. Duriez.	25
49	M. Mocquart, notaire.	25
50	M. Moselman.	25
51	M. Varcollier.	25
52	M. Chasseriau	25
53	M. Dauzat d'Ambarère.	25
54	M. le comte de Martel.	25
55	M. Lotz, aîné.	25
	A reporter. . .	14,310

		fr.
	Report . . .	14,310
56	M. le comte de Champagny.	25
57	Mme la comtesse de Champagny.	25
58	M. Charner.	25
59	M. le comte du Couëdic.	25
60	M. Dérôme.	25
61	M. le marquis de Piré.	25
62	Mme la marquise de Piré.	25
63	M. Peyron.	25
64	M. de la Taillais.	25
65	M. Pinault.	25
66	M. Malagutti.	25
67	M. Lemanant des Chenais.	25
68	M. Périgault.	25
69	M. de la Haichois.	25
70	M. Depasse.	25
71	M. Daniel.	25
72	M. de Bersolles.	25
73	Mme de Bersolles.	25
74	Mlle de Bersolles.	25
75	M. Jean de Bersolles.	25
76	M. Simon.	25
77	M. F. Simon.	25
78	M. Marteville.	25
79	M. le colonel de gendarmerie, Rennes.	25
80	M. Chauchart.	25
81	M. Le Meur.	25
82	M. Monnier du Pavillon.	25
83	M. de Saint-Ours.	25
84	M. Piton du Gault.	25
85	M. de Tanouarn.	25
86	M. Oberthur.	25
	A reporter. . .	15,085

		fr.
	Report. . .	15,085
87	M. Ravenel.	25
88	M. Marsille.	25
89	M. Bonamy.	25
90	M. Lefas.	25
91	M. Magin.	25
92	M. Robinot de Saint-Cyr.	25
93	Le général Uhrich	25
94	L'abbé Monferant	25
95	M. Roger de Sivry.	25
96	M. Monferant	25
97	M. Besnard.	25
98	M. Jégo.	25
99	M. Martine aîné.	25
100	M. Penhoët.	25
101	M. Perrio	25
102	M. Rochard	25
103	M. le comte de Laferrière.	25
104	M. Cahour.	25
105	M. Cahour jeune.	25
106	M. Le Bastar de Mesmeur.	25
107	M. Vast-Vimeux.	25
108	M. le colonel Langlier.	25
109	M. Daurier	25
110	M. Camescas.	25
111	M. Flaud.	25
112	M. de Quéral.	25
113	M. Joao Martins	25
114	M. Péon de Régil.	25
115	M. Zaccaria.	25
116	M. Bonneteau.	25
117	M. de Lamarzelle	25
	A reporter. . .	15,860

		fr.
	Report. . .	15,860
118	M. le comte de Gaydon.	25
119	M. Soumain.	25
120	M. Conseil.	25
121	Le vice-amiral Grivel.	25
122	M. Bonamy, procureur impérial. . .	25
123	M. de Villeneuve.	25
124	Comice de Musillac.	25
125	M. Rouxel de Lescoët.	25
126	M. Conrad, sous-préfet	25
127	Le général Hardy de la Largère. . . .	25
128	M. le comte d'Andigné.	25
129	M. Crussard	25
130	M. Liazard.	25
131	M. de la Buharaye.	25
132	M. de Thévenard.	25
133	M. Charles Thalbot.	25
134	M. Guérin.	25
135	M. Trémant.	25
136	M. Guillaume.	25
137	M. Combes.	25
138	M. Evan.	25
139	M. Tomazi.	25
140	M. Parmentier.	25
141	M. Poret.	25
142	M. Debroise.	25
143	M. Martin Rochebernard.	25
144	M. Demé.	25
145	Comice de Belle-Ile	25
146	Conseil municipal de Palais.	25
147	M. Beignet d'Angers.	25
148	Mme de Treguin.	25
	A reporter. . .	16,635

		fr.
	Report. . .	16,635
149	M. Delose.	25
150	M. Renaud de Nantes.	25
151	M. Riefel.	25
152	M. Bonenfant.	25
153	M. Baudériche-Larivière.	25
154	M. Boisteau.	25
155	M. de Vaudichon.	25
156	M. du Bodan.	25
157	M. Bartoli.	25
158	M. de Labourdonnaye.	25
159	M. Honphry.	25
160	M. Tallandeau.	25
161	M. le vicomte de Perien.	25
162	M. A. Trochu.	25
163	M. Berny.	25
164	M. le comte de Guichen.	25
165	M. Cassac.	25
166	M. Dubot.	25
167	M. Lamorte-Feline.	25
168	M. Talbot (Henry).	25
169	M. Hédan (Louis).	25
170	M. de Raime.	25
171	M. Le Deuc.	25
172	M. Lediberdère.	25
173	M. Le Boules.	25
174	M. Gautreau.	25
175	M. Provost.	25
176	M. Charles Piaud.	25
177	M. Dano.	25
178	M. Pied.	25
179	M. Granger.	25
	A reporter. . .	17,410

		fr.
	Report. . .	17,410
180	M. Laudrin.	25
181	M. N. Laudrin.	25
182	M. Evenas.	25
183	M. Marie.	25
184	M. Pringué.	25
185	M. Dufitol.	25
186	M. Duboistier.	25
187	M. Duault.	25
188	M. de Vitton.	25
189	M. Cornily.	25
190	M. Soret.	25
191	M. Quero	25
192	M. Le Glouahec.	25
193	M. Levie.	25
194	M. Drieu (Alfred).	25
195	M. Thepault.	25
196	M. Laporte.	25
197	M. Le Doré.	25
198	M. Bonaud.	25
199	M. Janson.	25
200	M. du Fayel.	25
201	M. Lorieux.	25
202	M. Hamon du Plessis.	25
203	M. de Launaye.	25
204	M. de Vuillefroid.	25
205	M. Gravé.	25
206	M. de Kerisoët	25
207	M. A. Melun.	25
208	M. Le Plenier.	25
209	M. Callé.	25
	Total. . .	18,160

PARIS.
Imprimerie de Ad. Lainé et J. Havard, rue des Saints-Pères, 19.

www.ingramcontent.com/pod-product-compliance
Ingram Content Group UK Ltd.
Pitfield, Milton Keynes, MK11 3LW, UK
UKHW021125230726
13926UKWH00002B/640

9 782014 441819